Guida alla Coltivazione dei Cactus

Impara cosa fare per coltivare bene splenditi Cactus

A. Duller

Lisa Shardon

Copyright © 2024

Guida alla Coltivazione di Cactus

Introduzione

I cactus, appartenenti alla famiglia delle *Cactaceae*, sono tra le piante più affascinanti e adattabili del regno vegetale. La loro origine, distribuzione e l'evoluzione delle forme spinose offrono un viaggio nella storia naturale che abbraccia milioni di anni. La straordinaria capacità di adattamento dei cactus è strettamente legata alle condizioni estreme dei loro ambienti di origine, rendendoli piante simbolo della sopravvivenza e della resilienza.

Origine e Diffusione Geografica

I cactus sono originari esclusivamente delle Americhe, il che li rende una famiglia endemica di questo continente. La loro distribuzione naturale si estende dalle regioni meridionali del Canada fino alla Patagonia, ma la più alta biodiversità si concentra nelle aree aride e semiaride dell'America centrale e del Messico. In particolare, il Messico ospita circa il 40% di tutte le specie di cactus conosciute, con molte specie uniche.

Le prime forme di cactus si pensa si siano evolute tra i 30 e i 40 milioni di anni fa, durante il periodo Terziario. Le condizioni climatiche globali di quel periodo, caratterizzate da un aumento della siccità, hanno probabilmente favorito la selezione naturale di piante capaci di immagazzinare acqua e resistere a temperature elevate.

I cactus non sono sempre stati come li conosciamo oggi: secondo i paleobotanici, i loro antenati erano piante tropicali con foglie normali. L'adattamento a climi più secchi ha portato alla progressiva trasformazione di queste foglie in spine e all'ispessimento dei loro fusti per immagazzinare acqua. Questo fenomeno, noto come *succulenza*, è diventato il tratto distintivo delle piante xerofile, ovvero quelle adattate alla vita in ambienti desertici e con poca acqua.

Oggi, sebbene la maggior parte dei cactus cresca in regioni aride, alcune specie possono essere trovate anche in ambienti tropicali, foreste subtropicali e regioni montuose. Le specie epifite, come quelle appartenenti al genere *Rhipsalis*, crescono sulle superfici di altre piante, senza tuttavia danneggiarle, e sono una dimostrazione dell'adattabilità di questa famiglia vegetale.

Evoluzione delle Spine

Una delle caratteristiche più sorprendenti dei cactus sono le spine, che rappresentano un'evoluzione delle foglie. Questa trasformazione ha permesso di ridurre la perdita di acqua attraverso l'evaporazione e di offrire un efficace meccanismo di difesa contro erbivori. Le spine, che possono variare per forma e dimensione, servono inoltre a proteggere le piante dall'eccessiva esposizione al sole, creando ombra e trattenendo l'umidità vicino alla superficie del fusto.

Le spine sono prodotte da particolari strutture chiamate *areole*, una caratteristica esclusiva dei cactus. Le areole possono anche generare fiori e frutti, rendendo ogni cactus una struttura biologicamente efficiente e autosufficiente. Questa specializzazione evolutiva è una delle ragioni principali del successo dei cactus in ambienti inospitali.

Interazione con le Culture Antiche

I cactus hanno avuto un ruolo significativo nella vita delle popolazioni indigene delle Americhe per migliaia di anni. Diverse specie sono state usate per scopi alimentari, medicinali e rituali. Ad esempio, il *ficodindia* (Opuntia ficus-indica) ha fornito cibo e materiali per costruire recinti, mentre altre specie, come il *peyote* (Lophophora williamsii), sono state utilizzate in pratiche religiose e spirituali per i loro effetti psicotropi.

Nel periodo precolombiano, i cactus venivano anche rappresentati nell'arte e nell'architettura, come testimonianza del loro valore culturale. Il simbolo del cactus, in particolare, compare nello stemma del Messico, dove un'aquila posa su un cactus con un serpente nel becco: una rappresentazione della leggenda della fondazione di

Tenochtitlán, l'odierna Città del Messico.

2. Importanza Ecologica dei Cactus

Oltre alla loro bellezza e alle curiosità evolutive, i cactus svolgono un ruolo cruciale negli ecosistemi aridi e semi-aridi. La loro capacità di sopravvivere e prosperare in condizioni estreme li rende fondamentali per la biodiversità e per il mantenimento dell'equilibrio ecologico di questi habitat.

Cactus come Ingegneri dell'Ecosistema

I cactus sono considerati "ingegneri degli ecosistemi", poiché la loro presenza può modificare e migliorare le condizioni ambientali, facilitando la sopravvivenza di altre specie. Ad esempio, i fusti spessi dei cactus e le loro spine creano microambienti ombreggiati e umidi alla base delle piante, offrendo rifugio e protezione a piccoli animali, insetti e altre piante. Questo permette una maggiore biodiversità anche in aree altrimenti ostili.

Inoltre, i cactus sono in grado di rallentare l'erosione del suolo grazie al loro sistema radicale esteso, che trattiene il terreno e riduce il rischio di desertificazione. Questa funzione è particolarmente importante nelle regioni aride, dove il vento e la scarsità di vegetazione favoriscono la perdita di suolo fertile.

Fonte di Nutrimento per la Fauna

I cactus rappresentano una risorsa alimentare essenziale per molte specie animali. Durante i periodi di siccità, quando altre fonti di cibo e acqua sono scarse, i cactus possono diventare vitali. I frutti succosi di molte specie, come quelli dell'Opuntia, forniscono acqua e nutrienti a uccelli, piccoli mammiferi e rettili. Anche gli insetti, come api e formiche, visitano frequentemente i cactus in cerca di nettare e polline.

Alcuni animali hanno sviluppato relazioni mutualistiche con i cactus. Ad esempio, i pipistrelli impollinano i fiori di cactus notturni, come quelli del genere *Selenicereus*, contribuendo alla riproduzione della pianta. In cambio, i pipistrelli ottengono nettare come fonte di energia. Un'altra interazione mutualistica si osserva tra alcune specie di formiche e i cactus: le formiche nidificano nelle spine cave e difendono la pianta da eventuali predatori o parassiti.

Cactus e Ciclo dell'Acqua

Nonostante crescano in ambienti aridi, i cactus giocano un ruolo importante nella regolazione del ciclo idrico locale. Le loro radici, che possono estendersi per grandi distanze in cerca di acqua, aiutano a mantenere la struttura del suolo e a prevenire la perdita di umidità. Inoltre, la capacità dei cactus di immagazzinare grandi quantità di acqua nel fusto permette di rilasciare gradualmente l'umidità nell'ambiente circostante, migliorando le condizioni locali per altre specie vegetali.

Ruolo nell'Impollinazione e nella Riproduzione delle Specie

I cactus producono fiori dai colori brillanti e dal profumo intenso per attirare impollinatori come api, farfalle, uccelli e pipistrelli. L'impollinazione è essenziale per la riproduzione dei cactus e contribuisce al mantenimento della biodiversità nelle aree desertiche. I fiori di cactus hanno spesso una breve durata, ma durante il loro breve ciclo vitale offrono abbondanti risorse di nettare e polline.

Molti cactus hanno sviluppato adattamenti specifici per attrarre impollinatori notturni, come i pipistrelli e alcune falene, mentre altri producono fiori che si aprono solo di giorno, attirando api e colibrì. Questa varietà di adattamenti assicura che i cactus possano riprodursi anche in condizioni avverse e mantenere la popolazione stabile nel tempo.

Conservazione dei Cactus e Minacce Ecologiche

Nonostante la loro resistenza, molte specie di cactus sono oggi minacciate a causa di attività umane come l'agricoltura intensiva, la deforestazione e il commercio illegale di piante ornamentali. Il cambiamento climatico rappresenta un'ulteriore minaccia, poiché l'aumento delle temperature e le alterazioni del ciclo delle piogge possono influire negativamente sulle popolazioni di cactus.

Fortunatamente, molte iniziative di conservazione stanno cercando di preservare queste piante straordinarie. Le aree protette e i programmi di reintroduzione delle specie minacciate stanno contribuendo a mantenere la biodiversità nelle regioni aride. Inoltre, la crescente popolarità dei cactus come piante ornamentali ha portato a un aumento dell'interesse per la loro coltivazione sostenibile, riducendo la pressione sulle popolazioni selvatiche.

I cactus rappresentano un perfetto esempio di adattamento, bellezza e resilienza nella natura. La loro origine antica e la loro evoluzione ci insegnano come le piante

possano trasformarsi per sopravvivere anche nelle condizioni più estreme. Oltre a essere importanti dal punto di vista ecologico, i cactus hanno un profondo significato culturale e simbolico per molte comunità indigene e moderne.

In un mondo in cui le sfide ambientali diventano sempre più urgenti, i cactus ci ricordano l'importanza della conservazione della biodiversità e del rispetto per la natura. La loro capacità di sopravvivere nel deserto ci ispira a trovare soluzioni innovative e sostenibili per affrontare le sfide del cambiamento climatico e della gestione delle risorse naturali.

Capitolo 1: Tipologie di Cactus

I cactus sono piante eccezionalmente diversificate, adattate a una vasta gamma di habitat e ambienti, e possono essere classificati secondo diversi criteri. Questo capitolo esplorerà le varie categorie di cactus, dal punto di vista botanico e funzionale, e offrirà consigli su come scegliere il cactus più adatto alle proprie esigenze, tenendo conto di aspetti pratici, estetici e di gestione.

Cactus Succulenti vs. Cactacee

Spesso, i termini *cactus* e *piante succulente* vengono usati come sinonimi, ma non tutte le succulente sono cactus. Comprendere la differenza tra queste due categorie aiuta a evitare confusione e ad apprezzare le peculiarità dei cactus all'interno del mondo delle piante succulente.

Succulenti: Una Categoria Generale

Il termine *succulente* si riferisce a tutte quelle piante che hanno sviluppato tessuti specializzati per immagazzinare acqua. Questo adattamento le rende perfette per sopravvivere in ambienti aridi o con risorse idriche limitate. Le succulente si trovano in molte famiglie botaniche, tra cui:

- **Aloe** (famiglia *Asphodelaceae*)

- **Crassula** (famiglia *Crassulaceae*)

- **Euphorbia** (famiglia *Euphorbiaceae*)

Pur avendo un aspetto spesso simile ai cactus, queste piante non fanno parte della famiglia *Cactaceae*. La principale differenza è che solo i cactus presentano le **areole**, piccole strutture circolari da cui crescono le spine, i fiori e i nuovi rami.

Le Cactacee: La Vera Famiglia dei Cactus

Tutte le piante appartenenti alla famiglia delle *Cactaceae* sono cactus, e si distinguono per la loro capacità di sopravvivere in condizioni estreme, grazie alla succulenza dei fusti e alla presenza di areole. I cactus hanno generalmente:

- Fusti spessi che immagazzinano acqua.

- Spine (derivate dalle foglie) che riducono la perdita d'acqua e proteggono la pianta.

- Fiori appariscenti che si sviluppano dalle areole e, a volte, durano solo pochi giorni.

Cactus da Giardino vs. Cactus da Appartamento

Un'altra distinzione importante riguarda l'uso dei cactus come piante da giardino o da appartamento. Anche se tutti i cactus condividono alcune esigenze di base, come una buona esposizione alla luce e un terreno ben drenato, le condizioni ambientali in cui vengono coltivati possono fare una grande differenza nella loro crescita e salute.

Cactus da Giardino

I cactus da giardino sono spesso piante resistenti, capaci di sopportare ampie escursioni termiche e talvolta anche brevi gelate. Queste piante sono ideali per giardini rocciosi, spazi aperti e aiuole. Alcuni esempi di cactus da esterno includono:

- **Opuntia ficus-indica** (Fico d'India): Produce frutti commestibili e può crescere anche in climi mediterranei.

- **Echinopsis**: Cactus a forma di globo, noti per i grandi fiori notturni.

- **Cylindropuntia** (Cholla): Piante con rami cilindrici e spine particolarmente robuste.

I cactus da giardino richiedono un terreno ben drenato e una posizione soleggiata. In alcuni casi, è necessario proteggerli dal gelo invernale con coperture o pacciamature.

Cactus da Appartamento

I cactus da appartamento sono generalmente più piccoli e meno esigenti dal punto di vista della luce e della temperatura. Questi cactus si adattano bene agli ambienti interni e sono perfetti per decorare davanzali e mensole. Alcuni esempi comuni sono:

- **Mammillaria**: Piccoli cactus con spine morbide e fiori colorati.

- **Astrophytum**: Cactus globosi con particolari disegni puntiformi sulla superficie.

- **Schlumbergera** (Cactus di Natale): Cactus epifiti che fioriscono in inverno, tipici delle foreste umide brasiliane.

I cactus da appartamento richiedono annaffiature meno frequenti, un buon drenaggio e luce indiretta. Tuttavia, devono essere protetti dall'eccesso di umidità per evitare marciumi radicali.

Classificazione dei Cactus più Comuni

Ecco una panoramica delle principali tipologie di cactus, suddivise per generi e caratteristiche distintive:

1. **Opuntia**: Chiamati comunemente fichi d'India, sono caratterizzati da rami appiattiti chiamati cladodi. Producono frutti succosi e spine che possono essere estremamente fastidiose.

2. **Mammillaria**: Uno dei generi più vasti, con piante di piccole dimensioni e fiori che formano corone intorno al fusto.

3. **Echinocactus**: Cactus a forma di botte, come il famoso *Echinocactus grusonii* (Cuscino della suocera), molto apprezzati come piante ornamentali.

4. **Astrophytum**: Piante con una forma globosa o colonnare e caratteristici punti bianchi sulla superficie.

5. **Schlumbergera e Rhipsalis**: Cactus epifiti con fusti segmentati e fioriture spettacolari, spesso coltivati come piante da appartamento.

Scelta del Cactus

Scegliere il cactus giusto non è solo una questione estetica. È importante considerare fattori come il tempo che si ha a disposizione per la cura delle piante, l'ambiente in cui verrà coltivato e l'esperienza personale nella gestione dei cactus.

Come Scegliere il Cactus Giusto per Te

- **Disponibilità di luce**: Se hai molta luce solare diretta, scegli cactus del genere *Opuntia* o *Echinopsis*. Per ambienti con luce indiretta o ombra, meglio orientarsi verso piante epifite come *Schlumbergera*.

- **Livello di impegno**: Alcuni cactus richiedono meno cure rispetto ad altri. Le piante globose come *Astrophytum* e *Mammillaria* sono ideali per chi ha poco tempo, mentre le specie epifite necessitano di un maggiore controllo dell'umidità.

- **Clima locale**: Se vivi in un'area con inverni freddi, scegli cactus resistenti al freddo, come alcune varietà di *Opuntia*. In casa, invece, controlla l'umidità: ambienti troppo umidi possono causare marciumi.

Cactus per Principianti

Alcuni cactus sono particolarmente adatti a chi si avvicina per la prima volta al mondo delle piante succulente. Questi cactus richiedono meno cure e tollerano errori occasionali.

- **Echinopsis**: Tollera bene la siccità e offre spettacolari fioriture.

- **Mammillaria**: Facile da coltivare, con poche esigenze d'acqua.

- **Astrophytum**: Crescita lenta, richiede poche annaffiature e ha un aspetto molto decorativo.

Cactus Rari e Collezionabili

Per i più esperti e appassionati, esistono cactus rari che diventano veri e propri pezzi da collezione. Questi esemplari possono essere costosi e richiedono cure particolari.

- **Ariocarpus**: Cactus dall'aspetto insolito, simile a una roccia, con una crescita molto lenta.

- **Lophophora williamsii** (Peyote): Conosciuto per i suoi usi tradizionali e rituali, è protetto in molte aree per via del rischio di estinzione.

- **Copiapoa**: Originaria del deserto di

Atacama, ha un aspetto affascinante e richiede condizioni particolari per prosperare.

La scelta del cactus giusto dipende da numerosi fattori, tra cui il clima, l'ambiente domestico e il livello di esperienza del coltivatore. Con una vasta gamma di specie disponibili, dai piccoli cactus globosi alle piante colonnari imponenti, c'è un cactus per ogni esigenza e livello di abilità. Che tu sia un principiante o un collezionista esperto, i cactus possono offrire bellezza, fascino e soddisfazione con la giusta cura e attenzione.

Capitolo 2: Terreno e Vasi per i Cactus

La coltivazione dei cactus, sia all'interno che all'esterno, richiede particolare attenzione alla qualità del substrato e alla scelta dei vasi. Poiché queste piante sono originarie di ambienti aridi e poveri di nutrienti, è essenziale riprodurre condizioni simili per garantire una crescita sana. Questo capitolo approfondirà come scegliere il terreno e i vasi più adatti e come preparare il substrato ideale per la semina e il trapianto dei cactus.

Composizione del Substrato Ideale

Un terreno adatto ai cactus deve essere **ben drenante**, per evitare ristagni d'acqua che potrebbero causare marciumi radicali. Nella loro area di origine, i cactus crescono spesso su terreni rocciosi, sabbiosi o poveri di nutrienti, quindi il substrato deve essere leggero, arioso e permettere all'acqua di defluire rapidamente.

Elementi del Substrato Ideale

1. **Materiali inerti**: Aumentano la porosità e migliorano il drenaggio del terreno. Questi includono:

   - **Sabbia grossolana** o sabbia di fiume: Consente all'acqua di filtrare rapidamente.

   - **Pomice**: Rende il terreno più arioso e trattiene una quantità limitata di umidità.

   - **Perlite**: Un minerale espanso leggero che migliora l'aerazione.

   - **Lapillo vulcanico**: Usato spesso per il drenaggio, rende il substrato più stabile.

2. **Componente organica**: Fornisce una quantità minima di nutrienti necessari alla pianta e aiuta a mantenere una leggera umidità. Le opzioni includono:

   - **Terriccio per piante grasse**: Si può usare come base, purché sia mescolato con altri materiali inerti.

- **Torba** o **fibra di cocco**: Leggera, aiuta a trattenere l'umidità, ma deve essere usata con cautela per evitare ristagni.

3. **Carbonato di calcio** (facoltativo): Alcuni cactus, come quelli del genere *Ariocarpus* o *Lophophora*, preferiscono terreni calcarei. L'aggiunta di piccole quantità di calcare o ghiaia calcarea può favorire la loro crescita.

Equilibrio Tra Aerazione e Umidità

Il substrato per i cactus deve avere un **equilibrio tra aerazione e capacità di trattenere una minima quantità d'acqua**. Le radici dei cactus sono molto efficienti nell'assorbire l'umidità, quindi non devono rimanere immerse per lunghi periodi. Un terreno ideale si asciuga velocemente, ma permette alle radici di assorbire l'acqua necessaria in poco tempo.

Miscelazione del Substrato Ideale

Un esempio di miscela ottimale per la maggior parte dei cactus è:

- 50% di **materiali inerti** (pomice, perlite, sabbia grossolana).

- 30-40% di **terriccio leggero o torba**.

- 10-20% di **lapillo o piccoli frammenti di ghiaia**.

Questa miscela assicura che le radici abbiano abbastanza ossigeno e che l'acqua venga drenata rapidamente.

Tipologia di Vasi e Drenaggio

La scelta del vaso è cruciale per la salute del cactus, poiché influisce sul drenaggio e sulla crescita delle radici. Ogni tipo di vaso ha vantaggi e svantaggi, e alcune piante possono prosperare meglio in determinate condizioni rispetto ad altre.

Materiali dei Vasi

1. **Vasi in Terracotta**

   - **Vantaggi**: La terracotta è porosa e permette al terreno di respirare, facilitando l'evaporazione dell'acqua in eccesso.

   - **Svantaggi**: I vasi in terracotta possono asciugare troppo velocemente in ambienti caldi e secchi, richiedendo annaffiature più frequenti.

   - **Ideale per**: Cactus che preferiscono un terreno asciutto, come *Echinocactus* e *Mammillaria*.

2. **Vasi in Plastica**

   - **Vantaggi**: Mantengono l'umidità più a lungo rispetto alla terracotta e sono leggeri e facili da spostare.

   - **Svantaggi**: Possono trattenere troppa umidità se non dotati di un drenaggio adeguato.

   - **Ideale per**: Piante epifite come *Schlumbergera* e *Rhipsalis*, che preferiscono un'umidità leggermente più alta.

3. **Vasi in Ceramica Smaltata**

   - **Vantaggi**: Esteticamente gradevoli, disponibili in molte forme e colori.

   - **Svantaggi**: Non sono porosi, quindi l'acqua evapora lentamente. Necessitano di un sistema di drenaggio ben progettato.

   - **Ideale per**: Cactus coltivati come piante da interno o in ambienti molto asciutti.

4. **Vasi Auto-irriganti**

   - **Vantaggi**: Mantengono un livello costante di umidità nel terreno, ideali per chi non ha tempo di monitorare regolarmente le annaffiature.

   - **Svantaggi**: Possono causare ristagni d'acqua e non sono adatti a tutte le specie di cactus.

   - **Ideale per**: Specie con esigenze idriche particolari, come i cactus epifiti.

Il Drenaggio: Un Aspetto Fondamentale

Qualunque vaso tu scelga, è **fondamentale che abbia fori di drenaggio** sul fondo per consentire all'acqua in eccesso di defluire. Una tecnica utile per migliorare il drenaggio è quella di mettere uno strato di ghiaia, ciottoli o lapillo vulcanico sul fondo del vaso. Questo strato impedisce alle radici di rimanere immerse nell'acqua stagnante.

Inoltre, un sottovaso può essere utilizzato per raccogliere l'acqua in eccesso, ma è importante svuotarlo dopo ogni irrigazione per evitare ristagni.

Preparazione del Terreno per la Semina

Se desideri far crescere i tuoi cactus partendo dai semi, la preparazione del substrato e l'ambiente di crescita richiedono cure specifiche. La semina dei cactus è un processo lento ma gratificante, che permette di coltivare specie rare e di osservare da vicino le prime fasi di crescita di queste piante.

Substrato per la Semina

Il substrato per la semina deve essere **sterile** e leggero, per evitare la proliferazione di muffe o funghi che potrebbero danneggiare i semi. Una buona miscela può includere:

- 50% di **sabbia fine sterile** o perlite.

- 30% di **torba o fibra di cocco**.

- 20% di **pomice o lapillo vulcanico fine**.

Sterilizzazione del Substrato

Per evitare la comparsa di funghi o parassiti, è consigliabile sterilizzare il substrato prima della semina. Puoi farlo:

- **In forno**: Riscaldando il terreno a 80-100°C per circa 30 minuti.

- **Nel microonde**: Inumidendo leggermente il terreno e riscaldandolo per 5-10 minuti.

Semina dei Cactus

1. **Preparare il Vassoio o il Vaso di Semina**

   - Utilizza un contenitore poco profondo con fori di drenaggio.

   - Riempilo con il substrato preparato, lasciando circa 1 cm dal bordo superiore.

2. **Distribuzione dei Semi**

   - I semi di cactus sono molto piccoli; distribuiscili uniformemente sulla superficie senza interrarli.

   - Puoi coprire i semi con uno strato sottile di sabbia fine o vermiculite per mantenerli in posizione.

3. **Inumidire il Substrato**

- Usa un vaporizzatore per bagnare delicatamente il terreno senza smuoverlo.

4. **Copertura e Germinazione**

   - Copri il contenitore con un foglio di plastica trasparente o con un coperchio per mantenere l'umidità.

   - Posiziona il contenitore in un luogo luminoso, ma evita la luce diretta del sole.

5. **Cura Durante la Germinazione**

   - Controlla il substrato ogni giorno e vaporizza l'acqua se necessario.

   - Dopo 2-6 settimane, i semi inizieranno a germinare. Rimuovi gradualmente la copertura per abituare le piantine all'ambiente esterno.

La scelta del terreno e dei vasi giusti è essenziale per garantire la crescita sana dei cactus, sia che si tratti di piante già mature o di nuove semine. Con un substrato ben drenante e un vaso adeguato, i cactus possono prosperare per anni, portando bellezza e fascino a giardini e appartamenti. La preparazione del terreno per la semina richiede pazienza, ma il risultato finale ripagherà ogni sforzo.

Capitolo 3: Esposizione e Luce

Uno degli elementi fondamentali per la crescita sana dei cactus è la **luce**. Queste piante sono originarie di ambienti molto luminosi e spesso aridi, come deserti e altopiani, dove sono esposte alla luce solare diretta per molte ore al giorno. Tuttavia, non tutti i cactus hanno le stesse esigenze luminose: alcune specie preferiscono la luce indiretta o diffusa. In questo capitolo esploreremo in dettaglio i requisiti luminosi dei cactus, i migliori posizionamenti in casa e in giardino, e come gestire la rotazione e l'acclimatazione per garantire che le piante non soffrano stress o danni da luce inadeguata.

Importanza della Luce per i Cactus

La luce solare è essenziale per i cactus poiché alimenta la **fotosintesi**, un processo che permette alla pianta di convertire l'energia solare in nutrimento. Un cactus che non riceve luce sufficiente può soffrire di **crescita rallentata, deperimento** e presentare segni di **etiolazione**: un allungamento anomalo del fusto che rende la pianta fragile e meno estetica.

In generale, i cactus necessitano di **almeno 6 ore di luce diretta** al giorno, ma esistono delle differenze tra le varie specie. Alcuni cactus epifiti, come quelli dei generi *Schlumbergera* e *Rhipsalis*, vivono all'ombra parziale delle foreste tropicali e preferiscono luce indiretta, mentre altre piante, come *Echinocactus grusonii* e *Opuntia*, prosperano sotto il sole intenso del deserto.

Classificazione dei Cactus in Base alle Esigenze di Luce

1. **Cactus da pieno sole**

   - Specie come *Opuntia*, *Echinopsis*, *Ferocactus* e *Echinocactus* richiedono **sole diretto** per crescere in modo ottimale.

   - Adatti a giardini esposti a sud o a ovest,

dove ricevono la massima quantità di luce durante il giorno.

- In condizioni di luce insufficiente, queste piante possono diventare pallide, allungate e perdere la forma compatta.

2. **Cactus che tollerano la luce indiretta**

- Generi come *Schlumbergera* (Cactus di Natale) e *Rhipsalis* preferiscono luce **diffusa o indiretta**.

- Questi cactus crescono naturalmente nelle foreste pluviali, dove la luce è filtrata dal fogliame degli alberi.

- Sono ideali per ambienti interni, come finestre esposte a est o a nord, che ricevono luce dolce al mattino o nel tardo pomeriggio.

3. **Cactus che tollerano l'ombra parziale**

- Alcune specie, come certe varietà di *Mammillaria* e *Astrophytum*, possono tollerare l'ombra parziale per brevi periodi, anche se prosperano meglio con esposizione solare diretta almeno per alcune ore al giorno.

- Questi cactus possono essere collocati in

punti con luce intermittente o in giardini con alberi che creano ombreggiature leggere.

Posizionamento in Casa e in Giardino

Posizionamento dei Cactus in Casa

L'ambiente domestico presenta diverse sfide per i cactus, soprattutto per quanto riguarda la quantità di luce. Tuttavia, con una corretta disposizione e gestione della luce, è possibile mantenere i cactus sani anche in ambienti chiusi.

1. **Finestre esposte a sud o ovest**

   - Queste sono le posizioni migliori per i cactus che richiedono molta luce. Le finestre rivolte a sud o ovest offrono il massimo della luce durante il giorno, specialmente in inverno.

- È consigliabile posizionare *Echinopsis*, *Opuntia* e *Mammillaria* in queste aree.

2. **Finestre esposte a est**

- Le finestre orientate a est ricevono luce più delicata al mattino, il che è ideale per piante come *Schlumbergera* e *Rhipsalis*.

- Queste posizioni sono perfette per cactus che non tollerano il sole diretto e preferiscono un ambiente con luce indiretta.

3. **Finestre esposte a nord**

- Le finestre rivolte a nord ricevono la quantità minima di luce e non sono adatte per la maggior parte dei cactus, a meno che non si tratti di piante epifite con basse esigenze luminose.

- Se l'ambiente è troppo ombroso, potrebbe essere necessario integrare la luce naturale con **lampade artificiali** a spettro completo.

4. **Uso di luci artificiali**

- In assenza di luce naturale sufficiente, le **lampade a LED o fluorescenti** possono fornire l'illuminazione necessaria.

   - Le luci per piante dovrebbero essere accese per almeno 10-12 ore al giorno per imitare il ciclo naturale del sole.

Posizionamento dei Cactus in Giardino

All'esterno, i cactus devono essere posizionati in aree soleggiate e ben drenate, ma è importante tenere conto del clima locale. In regioni con estati particolarmente calde e soleggiate, alcuni cactus potrebbero aver bisogno di una **leggera ombreggiatura** nelle ore più calde del giorno.

1. **Aree esposte a sud o ovest**

   - Queste aree ricevono il massimo della luce durante il giorno e sono ideali per cactus da pieno sole come *Ferocactus* e

Echinocactus.

2. **Aree parzialmente ombreggiate**

   - In giardini con alberi o pergolati, alcune specie, come le *Mammillaria*, possono beneficiare di un'ombra parziale durante le ore più calde del pomeriggio.

3. **Protezione dal gelo e dalla pioggia**

   - In regioni soggette a gelate o piogge abbondanti, è consigliabile utilizzare serre o tettoie per proteggere i cactus dall'umidità eccessiva e dal freddo intenso.

Rotazione e Acclimatazione

Rotazione dei Cactus

Anche quando i cactus vengono coltivati in interni, è importante **ruotarli periodicamente** per garantire una crescita uniforme. Se la pianta riceve luce solo da un lato, tenderà a inclinarsi verso la fonte luminosa, creando una crescita disomogenea.

1. **Ruotare i vasi ogni due settimane**: Questo permette alla pianta di ricevere luce in modo uniforme su tutti i lati.

2. **Osservare la crescita**: Se la pianta appare inclinata o deformata, significa che non sta ricevendo abbastanza luce o che ha bisogno di essere ruotata più frequentemente.

Acclimatazione alla Luce

Quando i cactus vengono spostati da un ambiente ombreggiato a uno soleggiato (ad esempio, dall'interno all'esterno), è necessario **acclimatarli gradualmente** per evitare scottature o shock.

1. **Esposizione graduale**

   - Inizia con **un'ora di luce diretta** al giorno e aumenta gradualmente il tempo di esposizione nell'arco di una settimana.

2. **Uso di reti ombreggianti**

   - Se i cactus vengono spostati all'aperto in piena estate, può essere utile utilizzare **teli ombreggianti** per proteggerli durante i primi giorni.

3. **Controllare i segni di stress**

   - Foglie o fusti che diventano marroni o gialli possono essere segno di **scottature**. In tal caso, è necessario spostare la pianta in una zona più ombreggiata e aumentare l'esposizione gradualmente.

La gestione dell'esposizione e della luce è essenziale per garantire una crescita sana e vigorosa dei cactus. Comprendere le esigenze luminose specifiche di ogni specie permette di collocare i cactus nei posti giusti, sia all'interno che all'esterno. La rotazione e l'acclimatazione sono pratiche fondamentali per evitare deformazioni e stress. Con la giusta luce e attenzione, i cactus potranno prosperare e regalare fioriture spettacolari, diventando un elemento di bellezza in casa e in giardino.

Capitolo 4: Innaffiatura e Nutrimento dei Cactus

La corretta gestione dell'irrigazione e della fertilizzazione è fondamentale per la salute e lo sviluppo dei cactus. Queste piante sono abituate a vivere in ambienti con scarse riserve d'acqua e nutrienti, quindi è necessario adottare pratiche di cura specifiche per evitare danni come marciumi radicali o eccessi di crescita. In questo capitolo, analizzeremo la frequenza dell'irrigazione, le tecniche migliori per annaffiare, e come fornire i giusti nutrienti tramite una fertilizzazione adeguata.

Frequenza dell'Irrigazione

L'acqua è essenziale per la crescita dei cactus, ma la quantità e la frequenza devono essere **calibrate con attenzione** per evitare problemi. Queste piante, essendo originarie di ambienti aridi, hanno la capacità di **immagazzinare acqua nei fusti e nelle radici** per sopravvivere durante i periodi di siccità. Un'irrigazione eccessiva è una delle cause principali di morte nei cactus coltivati.

Fattori che Influenzano la Frequenza dell'Irrigazione

1. **Stagione**

   - **Primavera ed estate**: Durante la stagione di crescita attiva, i cactus richiedono annaffiature più frequenti, generalmente ogni **7-14 giorni**.

   - **Autunno e inverno**: In questa fase di riposo vegetativo, l'irrigazione deve essere ridotta al minimo. In molti casi, può essere sufficiente annaffiare ogni **4-6 settimane**, o addirittura sospenderla del tutto.

2. **Tipo di cactus**

   - **Cactus del deserto** (come *Opuntia* e *Echinocactus*): Richiedono periodi di siccità tra un'annaffiatura e l'altra.

- **Cactus epifiti** (come *Schlumbergera* e *Rhipsalis*): Abituati a un ambiente più umido, possono avere bisogno di irrigazioni leggermente più frequenti.

3. **Tipo di substrato**

   - Un substrato ben drenante si asciuga rapidamente, richiedendo irrigazioni più frequenti rispetto a un terreno più compatto.

   - L'uso di materiali come **pomice e perlite** aiuta a evitare ristagni d'acqua, riducendo il rischio di marciume.

4. **Clima e Posizione**

   - In ambienti interni riscaldati o con bassa umidità, il substrato può asciugarsi più velocemente.

   - I cactus coltivati all'esterno in regioni umide richiedono meno acqua rispetto a quelli esposti al sole diretto in zone aride.

Tecniche di Innaffiatura

La tecnica corretta di irrigazione può fare la differenza tra un cactus sano e uno danneggiato. È importante evitare sia l'eccesso d'acqua sia la mancanza di umidità nei momenti cruciali.

Metodi di Innaffiatura Corretti

1. **Annaffiatura dal basso (per capillarità)**

   - Posiziona il vaso in un sottovaso con acqua e lascia che il substrato assorba l'acqua dal basso.

   - Rimuovi il vaso dopo 20-30 minuti, una volta che il terreno è umido.

   - Questo metodo è particolarmente utile per evitare di bagnare il fusto della pianta, riducendo il rischio di marciumi.

2. **Annaffiatura dall'alto**

   - Utilizza un innaffiatoio con beccuccio

sottile per dirigere l'acqua sul substrato senza bagnare la pianta.

- Assicurati che l'acqua esca dai fori di drenaggio del vaso per evitare ristagni.

- Lascia asciugare completamente il terreno tra un'annaffiatura e l'altra.

3. **Nebulizzazione (per cactus epifiti)**

- I cactus epifiti, come *Schlumbergera*, possono beneficiare di una leggera nebulizzazione, poiché in natura crescono in ambienti umidi.

- Tuttavia, è importante non esagerare: un'eccessiva umidità può causare muffe o funghi.

Errori Comuni nell'Irrigazione

- **Annaffiature troppo frequenti**: Questo può portare a marciumi radicali e compromettere la salute della pianta.

- **Uso di sottovasi pieni d'acqua**: Non lasciare acqua stagnante nel sottovaso, perché le radici potrebbero marcire.

- **Irrigazione in inverno**: I cactus devono rimanere quasi asciutti durante i mesi invernali, per entrare correttamente in dormienza.

Fertilizzazione Minima e Massima

Oltre all'acqua, anche i **nutrienti** giocano un ruolo importante nella crescita dei cactus. Tuttavia, poiché queste piante sono adattate a vivere in ambienti poveri di nutrienti, è importante non eccedere nella fertilizzazione.

Nutrienti Essenziali per i Cactus

- **Azoto (N)**: Favorisce la crescita dei tessuti vegetativi, ma un eccesso può rendere il fusto debole e allungato.

- **Fosforo (P)**: Stimola lo sviluppo delle radici e la fioritura.

- **Potassio (K)**: Aumenta la resistenza della pianta a stress e malattie, migliorando la qualità della fioritura e la struttura del fusto.

Un fertilizzante bilanciato per cactus dovrebbe avere una **bassa concentrazione di azoto** rispetto al fosforo e al potassio, ad esempio con un rapporto NPK di **5-10-10** o **2-7-7**.

Frequenza e Modalità di Fertilizzazione

1. **Durante la stagione di crescita** (primavera-estate)

   - Fertilizza ogni **4-6 settimane** utilizzando un concime liquido diluito, specifico per piante grasse e cactus.

   - In alternativa, è possibile utilizzare fertilizzanti a lento rilascio che forniscono nutrienti per un periodo più lungo.

2. **In autunno e inverno**

- Sospendi la fertilizzazione durante il periodo di dormienza, poiché i cactus non crescono attivamente e non necessitano di nutrienti aggiuntivi.

3. **Fertilizzazione fogliare (per epifiti)**

- Alcuni cactus epifiti possono beneficiare di fertilizzanti applicati tramite nebulizzazione sulle foglie, ma è importante farlo solo durante la fase di crescita attiva.

Eccesso di Fertilizzanti e Segni di Sovralimentazione

- **Crescita eccessivamente rapida**: Se la pianta cresce troppo velocemente, i tessuti possono diventare deboli e suscettibili a malattie.

- **Accumulo di sali nel substrato**: Un eccesso di fertilizzante può lasciare residui salini nel terreno, danneggiando le radici.

- **Inibizione della fioritura**: Troppo azoto può favorire la crescita vegetativa a scapito della fioritura.

L'irrigazione e la fertilizzazione dei cactus richiedono un equilibrio preciso tra necessità e moderazione. Mentre l'acqua è essenziale per la sopravvivenza, un eccesso può rapidamente compromettere la salute della pianta. Allo stesso modo, la fertilizzazione deve essere eseguita con attenzione, evitando di fornire troppi nutrienti che potrebbero danneggiare i cactus. Con una gestione corretta dell'irrigazione e del nutrimento, i cactus possono prosperare e regalare fioriture sorprendenti, portando bellezza e fascino a ogni ambiente in cui vengono coltivati.

Capitolo 5: Manutenzione del Cactus

La manutenzione dei cactus è una parte essenziale per garantirne la crescita sana e duratura. Anche se queste piante sono spesso considerate "a bassa manutenzione", richiedono comunque attenzione per prevenire problemi legati a malattie, parassiti, crescita incontrollata o deterioramento del substrato. In questo capitolo esamineremo in modo dettagliato come potare e modellare i cactus, come prevenire e trattare le malattie e i parassiti, e come rinvasare correttamente le piante per mantenerle in salute nel tempo.

Potatura e Formazione delle Piante

Scopi della Potatura nei Cactus

Anche se i cactus crescono naturalmente con una forma armoniosa, la potatura può essere utile in alcune circostanze, come:

- **Rimuovere fusti danneggiati o malati**

per evitare che si diffondano infezioni.

- **Controllare la crescita** e limitare le dimensioni della pianta, soprattutto in spazi ridotti.

- **Incoraggiare la ramificazione** per ottenere piante più compatte e dense.

- **Modellare la pianta** per motivi estetici o per rimuovere parti che impediscono la crescita di altre.

Come Potare un Cactus

La potatura dei cactus richiede strumenti adatti e una certa cautela per evitare ferite alla pianta e a chi esegue l'operazione. Di seguito i passaggi chiave:

1. **Strumenti necessari**:

   - Coltelli affilati o forbici da potatura sterilizzate.

   - Guanti spessi o pinze, per evitare di ferirsi con le spine.

- Alcol o una soluzione disinfettante per sterilizzare gli strumenti prima e dopo l'uso.

2. **Esecuzione della potatura**:

   - Taglia i fusti o i segmenti danneggiati appena sopra un nodo sano o un punto di crescita.

   - Evita di potare durante la fase di dormienza (autunno e inverno); è preferibile potare in primavera o estate, quando la pianta è in fase attiva di crescita.

   - Lascia asciugare la ferita per qualche giorno, permettendo la formazione di un callo che previene infezioni e marciumi.

3. **Incoraggiare la crescita ramificata**:

   - Taglia la punta di un fusto per stimolare la formazione di nuovi rami laterali.

   - Questa tecnica è particolarmente efficace con cactus colonnari e varietà come *Myrtillocactus* e *Cereus*.

Modellamento e Gestione dei Cactus Rampicanti

Per cactus rampicanti o epifiti come *Rhipsalis*, potrebbe essere necessario guidarne la crescita con tutori o fili. In questo caso:

- Usa fili morbidi o supporti in legno per evitare di danneggiare i fusti.

- Taglia rami troppo lunghi o intrecciati per mantenere la forma desiderata.

Controllo delle Malattie e dei Parassiti

Malattie Comuni nei Cactus

1. **Marciume radicale e del colletto**

    - **Causa**: Irrigazione eccessiva o cattivo drenaggio.

    - **Sintomi**: Fusti mollicci, imbrunimento alla base, radici annerite.

- **Rimedi**:

  - Rimuovere le parti marce e lasciare asciugare la pianta per diversi giorni prima di rinvasarla in un substrato asciutto.

  - Ridurre la frequenza delle annaffiature e migliorare il drenaggio.

2. **Fusariosi e antracnosi**

   - **Causa**: Funghi che proliferano in condizioni di umidità eccessiva.

   - **Sintomi**: Macchie scure o bianche su fusti e radici, che si espandono rapidamente.

   - **Rimedi**:

     - Rimuovere le parti infette e trattare la pianta con un fungicida specifico.

     - Migliorare la circolazione dell'aria e ridurre l'umidità.

3. **Scottature solari**

   - **Causa**: Esposizione improvvisa a luce solare intensa.

- **Sintomi**: Zone marroni o scolorite sui fusti.

- **Rimedi**: Sposta la pianta in un'area con luce filtrata e aumenta gradualmente l'esposizione solare.

Parassiti Comuni nei Cactus

1. **Cocciniglia cotonosa**

   - Si presenta come macchie bianche cotonose sui fusti. Questi insetti succhiano la linfa e possono indebolire la pianta.

   - **Rimedi**:

     - Rimuovere manualmente con un batuffolo di cotone imbevuto di alcol.

     - Utilizzare un insetticida sistemico o olio di neem.

2. **Ragnetto rosso**

   - Si tratta di acari microscopici che provocano macchie giallastre e secchezza sul fusto.

- **Rimedi**:

- Aumentare l'umidità con nebulizzazioni leggere e trattare con acaricidi specifici.

3. **Afidi**

- Si concentrano sulle parti giovani della pianta e possono favorire lo sviluppo di funghi.

- **Rimedi**:

- Lavare la pianta con un getto d'acqua e utilizzare un insetticida biologico.

Tecniche di Rinvaso

Quando Rinvasare un Cactus

Il rinvaso è necessario quando:

- Le radici hanno esaurito lo spazio disponibile nel vaso.

- Il substrato è vecchio e ha perso le sue proprietà drenanti.

- La pianta presenta segni di marciume o parassiti nelle radici.

In genere, il rinvaso si effettua **ogni 2-3 anni**, preferibilmente in primavera o all'inizio dell'estate, quando la pianta è in fase di crescita attiva.

Come Rinvasare Correttamente un Cactus

1. **Preparazione del nuovo vaso**:

   - Scegli un vaso con fori di drenaggio e leggermente più grande rispetto a quello precedente.

   - Aggiungi uno strato di materiale drenante sul fondo, come ghiaia o perlite.

2. **Rimozione del cactus dal vecchio

vaso**:

   - Indossa guanti spessi o utilizza pinze per maneggiare la pianta senza ferirti con le spine.

   - Capovolgi delicatamente il vaso e fai uscire la pianta, cercando di non danneggiare le radici.

3. **Controllo delle radici**:

   - Ispeziona le radici per verificare la presenza di marciumi o parassiti.

   - Taglia eventuali radici danneggiate con forbici sterilizzate e lascia asciugare per un giorno prima di procedere.

4. **Trapianto nel nuovo vaso**:

   - Riempi il vaso con un substrato specifico per cactus e posiziona la pianta al centro.

   - Assicurati che il colletto della pianta sia leggermente al di sopra del livello del terreno per prevenire marciumi.

5. **Cure post-rinvaso**:

   - Non annaffiare immediatamente dopo il rinvaso; attendi almeno 5-7 giorni per permettere alle radici di adattarsi.

   - Colloca la pianta in un'area con luce indiretta per una settimana prima di esporla nuovamente al sole diretto.

La manutenzione del cactus è fondamentale per garantire una crescita sana e longeva. Con una potatura corretta, è possibile mantenere la pianta in ordine e promuovere una crescita armoniosa. La prevenzione e il trattamento tempestivo di malattie e parassiti aiutano a evitare problemi gravi che possono compromettere la salute della pianta. Infine, il rinvaso periodico garantisce che il cactus disponga sempre di un substrato fresco e un vaso adeguato, favorendo uno sviluppo vigoroso. Con cure attente e regolari, i cactus possono prosperare e regalare soddisfazioni per molti anni.

Capitolo 6: Propagazione dei Cactus

La propagazione dei cactus è un processo affascinante e gratificante che consente di ampliare la propria collezione o di condividere piante con amici e familiari. Ci sono due metodi principali di propagazione: per seme e per talea. Ogni metodo presenta vantaggi e sfide specifiche, che richiedono tecniche e tempistiche diverse. In questo capitolo, esploreremo i dettagli di entrambe le tecniche, fornendo suggerimenti pratici per garantire il successo nella propagazione dei cactus.

Metodi di Propagazione: Da Seme e Da Talea

Propagazione da Seme

La propagazione da seme è uno dei metodi più tradizionali e permette di ottenere una nuova generazione di piante. Questo metodo è particolarmente adatto per le varietà di cactus che producono semi abbondanti e di qualità.

1. Raccolta dei Semi

La raccolta dei semi può avvenire in modo naturale o controllato. Per raccogliere semi da un cactus:

- **Aspetta la Fioritura**: Le piante devono prima fiorire e sviluppare frutti. Le fioriture avvengono generalmente in primavera o in estate, a seconda della specie.

- **Raccolta dei Frutti**: Quando i frutti sono maturi e iniziano ad asciugarsi, raccoglili con cautela. È importante evitare di danneggiare la pianta madre durante il processo.

- **Estrazione dei Semi**: Apri i frutti e rimuovi i semi. Puoi lavare i semi per eliminare eventuali residui di polpa, quindi lasciali asciugare completamente su carta assorbente.

2. Preparazione del Terreno e dei Vasi

- **Substrato**: Utilizza un substrato ben drenante, composto da una miscela di terra per cactus, sabbia e perlite. Questo garantisce che l'acqua non ristagni.

- **Vasi**: Scegli vasi piccoli o piantine per garantire un adeguato drenaggio e spazio per le giovani piante.

3. Semina

- **Distribuzione dei Semi**: Spargi i semi sulla superficie del substrato, evitando di coprire completamente, poiché molti semi di cactus necessitano di luce per germogliare.

- **Umidità**: Nebulizza delicatamente il substrato per mantenerlo umido, ma non inzuppato. Puoi coprire i vasi con una pellicola trasparente per creare un effetto serra e mantenere l'umidità.

- **Temperatura**: Posiziona i vasi in un luogo caldo e luminoso, ma non esposto alla luce diretta del sole, che potrebbe bruciare i semi. Una temperatura di circa **20-25°C** è ideale per la germinazione.

Propagazione da Talea

La propagazione da talea è un metodo più rapido e diretto, particolarmente utile per le varietà di cactus che sviluppano facilmente rami o segmenti.

1. Raccolta delle Talee

- **Selezione della Talea**: Scegli una porzione sana e robusta della pianta madre. Può essere un ramo laterale, un segmento del fusto o una foglia (nel caso di cactus fogliari).

- **Taglio**: Utilizza un coltello affilato o forbici sterilizzate per tagliare la talea. Assicurati di effettuare un taglio netto per ridurre il rischio di infezioni.

- **Asciugatura della Talea**: Lascia asciugare la talea all'aria per un paio di giorni, permettendo che il taglio formi un callo. Questo passaggio è cruciale per prevenire la marcescenza quando la talea verrà piantata.

2. Preparazione del Terreno e dei Vasi

- **Substrato**: Utilizza un substrato ben drenante simile a quello utilizzato per i semi.

- **Vasi**: Puoi usare vasi singoli o un vassoio da semina per piantare più talee contemporaneamente.

3. Piantumazione delle Talee

- **Inserimento**: Inserisci la base della talea nel substrato, profondità di circa **2-5 cm**, a seconda delle dimensioni della talea.

- **Annaffiatura**: Non annaffiare immediatamente dopo la piantumazione; attendi 5-7 giorni per permettere alla talea di stabilizzarsi. Dopo di che, puoi iniziare ad annaffiare leggermente, evitando l'eccesso.

Tempistiche e Suggerimenti

Tempistiche di Germinazione e Radicamento

- **Germinazione da Seme**: I semi di cactus possono richiedere da **2 settimane a diversi mesi** per germogliare, a seconda della specie. Alcuni semi possono richiedere un trattamento di stratificazione o scarificazione per migliorare la germinazione.

- **Radicamento da Talea**: Le talee di cactus solitamente radicano più rapidamente, in un periodo che va da **2 a 4 settimane**. Tuttavia, alcune varietà possono richiedere più tempo.

Suggerimenti per il Successo

1. **Controllo dell'Umidità**: Mantieni il substrato umido ma non bagnato; un eccesso di umidità può causare marciume.

2. **Illuminazione Adeguata**: Una volta germinati, le piantine e le talee hanno bisogno di luce sufficiente. Tuttavia, evita l'esposizione diretta ai raggi solari, che potrebbe bruciare le giovani piante.

3. **Temperatura Stabilizzata**: Mantenere una temperatura costante aiuta la crescita delle piantine e delle talee.

4. **Ventilazione**: Assicurati che ci sia una buona circolazione dell'aria attorno alle piantine per prevenire la formazione di muffe e funghi.

5. **Fertilizzazione Leggera**: Una volta che le piantine hanno sviluppato le loro prime foglie vere (o spine nel caso dei cactus), puoi iniziare a fertilizzarle con un concime a bassa concentrazione.

Crescita delle Piantine

Fasi di Crescita delle Piantine di Cactus

1. **Germinazione**: Durante questa fase, i semi assorbono acqua e iniziano a germogliare. Dopo la germinazione, la piantina apparirà come una piccola protuberanza sul substrato.

2. **Sviluppo delle Prime Foglie**: Dopo un paio di settimane, le piantine inizieranno a sviluppare le prime foglie o spine. Questa è

una fase critica, poiché le piantine hanno bisogno di una buona illuminazione per svilupparsi correttamente.

3. **Accrescimento**: Con il passare del tempo, la piantina continuerà a crescere e a svilupparsi. Durante questa fase, è importante mantenere una corretta irrigazione e ventilazione.

4. **Trapianto**: Una volta che le piantine raggiungono un'altezza di circa **5-10 cm**, è consigliabile rinvasarle in contenitori più grandi per favorire lo sviluppo delle radici.

Problemi Comuni durante la Crescita

- **Allungamento delle Piantine**: Se le piantine si allungano eccessivamente, significa che non ricevono abbastanza luce. È necessario aumentare l'illuminazione.

- **Macchie o Infezioni**: Se si notano macchie sulle foglie o deformità, potrebbe trattarsi di un'infezione fungina o di un attacco di parassiti. Intervieni tempestivamente con trattamenti fungicidi o insetticidi.

- **Morte delle Piantine**: La morte

improvvisa delle piantine può derivare da eccesso di acqua o malattie. È fondamentale monitorare le condizioni del substrato e la salute delle piante.

La propagazione dei cactus è un processo affascinante che offre l'opportunità di osservare la crescita e lo sviluppo di nuove piante. Attraverso la semina e la talea, è possibile ottenere nuovi esemplari, che possono arricchire la propria collezione o essere donati ad amici e familiari. Con le giuste tecniche, tempistiche e suggerimenti, anche i principianti possono avere successo nella propagazione dei cactus. Monitorare attentamente le piantine durante le loro fasi di crescita è fondamentale per garantire piante sane e robuste. Con un po' di pazienza e cura, il risultato sarà una meravigliosa e vibrante collezione di cactus che porterà gioia e soddisfazione per molti anni a venire.

Capitolo 7: Cactus e Ambiente

I cactus, con la loro straordinaria varietà di forme e colori, non sono solo piante affascinanti, ma anche un'importante risorsa ecologica. In questo capitolo, esploreremo come i cactus possano essere integrati sia negli spazi esterni, come i giardini, sia negli interni delle nostre case. Discuteremo anche dei vantaggi ecologici che questi straordinari organismi offrono, contribuendo alla biodiversità e sostenendo gli ecosistemi.

Cactus in Esterni: Progettazione del Giardino

1. Scelta del Luogo

Quando si progetta un giardino di cactus, è fondamentale scegliere il luogo giusto. Ecco alcune considerazioni chiave:

- **Esposizione al Sole**: I cactus amano la luce diretta del sole, quindi seleziona un'area del giardino che riceva almeno **6-8 ore di sole** al giorno.

- **Drenaggio**: Assicurati che il terreno sia ben drenato, poiché i cactus non tollerano l'acqua stagnante. L'ideale è avere un terreno sabbioso o una zona con pendenze naturali.

- **Protezione dal Vento**: Sebbene molte specie siano resistenti, è bene posizionare i cactus in modo da proteggerli da venti forti, che possono danneggiare le piante o far cadere i loro fiori.

2. Tipologie di Cactus per Giardino

Esistono numerose varietà di cactus adatte per la coltivazione all'aperto. Ecco alcune opzioni popolari:

- **Cactus Colonnari**: Come il *Carnegiea gigantea* (Saguaro), che può raggiungere altezze considerevoli, aggiungendo un elemento verticale al giardino.

- **Cactus a Forma di Globo**: Come il *Echinocactus grusonii* (Cactus della mamma), che offre una forma rotonda distintiva e fiori gialli brillanti.

- **Cactus Succulenti**: Varietà come il *Sedum* e il *Aloe*, che, pur non essendo cactus nel senso stretto, sono piante grasse adatte a giardini di cactus e a un aspetto più variegato.

3. Composizione del Terreno

Il terreno è un elemento cruciale nella progettazione di un giardino di cactus. La composizione ideale dovrebbe essere:

- **Sabbiato**: Mescola terra di giardino con sabbia grossolana e perlite per migliorare il drenaggio.

- **pH Neutro o Leggermente Acido**: La maggior parte dei cactus cresce meglio in terreni con pH tra 6 e 7.

4. Layout e Design

Il layout del giardino deve essere attentamente pianificato per ottenere un effetto visivo armonioso. Alcuni suggerimenti:

- **Altezza e Dimensione**: Posiziona cactus più alti sullo sfondo e quelli più piccoli in primo piano per creare profondità.

- **Combinazioni di Colore**: Gioca con le varie sfumature di verde e i fiori colorati per creare contrasti visivi.

- **Integrazione di Pietre e Rocce**: Utilizza pietre, ghiaia e materiali naturali per simularne l'habitat naturale, creando un aspetto più autentico e riducendo la necessità di irrigazione.

5. Manutenzione del Giardino di Cactus

Una volta progettato il giardino, è importante considerare la manutenzione:

- **Irrigazione**: Innaffia solo quando il terreno è completamente asciutto, specialmente in estate.

- **Potatura e Controllo dei Parassiti**: Controlla regolarmente le piante per eventuali segni di malattia o parassiti e pota quando necessario.

Cactus in Interni: Come Abbellire gli Spazi

1. Scelta delle Varietà da Interno

Non tutti i cactus sono adatti per la coltivazione interna. Alcuni dei più comuni includono:

- **Cactus di Natale (*Schlumbergera*)**: Fiorisce in inverno e offre fiori colorati.

- **Cactus di Rhipsalis**: Un cactus epifita che si adatta bene agli ambienti interni e ha un aspetto molto interessante.

- **Cactus a Barre (*Cylindropuntia*)**: Facili da mantenere e perfetti per aggiungere un tocco esotico agli interni.

2. Posizionamento

Per ottenere il massimo dai tuoi cactus interni:

- **Luce Naturale**: Posiziona i cactus vicino a finestre soleggiate, poiché richiedono molta luce. Se non c'è luce naturale sufficiente, considera l'uso di lampade a LED per piante.

- **Decorazione degli Spazi**: I cactus possono essere utilizzati come centrotavola, su mensole o in angoli per creare punti focali.

3. Contenitori e Vasi

- **Materiali**: Scegli vasi di terracotta o ceramica con fori di drenaggio. La terracotta aiuta a mantenere l'umidità sotto controllo.

- **Design**: Opta per vasi decorativi che si integrino con l'arredamento della tua casa. I cactus a forma di pallone possono essere presentati in vasi semplici, mentre quelli a forma colonnare possono aggiungere verticalità.

4. Manutenzione degli Cactus da Interno

- **Irrigazione**: Innaffia ogni 2-3 settimane, lasciando asciugare completamente il substrato tra un'irrigazione e l'altra.

- **Pulizia**: Rimuovi polvere e sporco dalle spine e dalle foglie con un panno morbido per mantenere l'aspetto fresco.

Vantaggi Ecologici dei Cactus

I cactus non sono solo belli da vedere; offrono anche una serie di vantaggi ecologici significativi.

1. Conservazione dell'Acqua

I cactus sono noti per la loro capacità di adattarsi a climi aridi e per la loro efficienza nell'uso dell'acqua. Attraverso:

- **Fisiologia Unica**: Utilizzano la fotosintesi CAM (Crassulacean Acid Metabolism), che consente loro di assorbire CO_2 durante la notte e ridurre la perdita d'acqua durante il giorno.

- **Strutture di Stoccaggio**: I tessuti succulenti immagazzinano acqua, riducendo la necessità di irrigazione.

2. Habitat per la Fauna Selvatica

I cactus offrono rifugio e cibo per diverse specie animali:

- **Riparo**: Forniscono protezione per uccelli, insetti e piccoli mammiferi dai predatori.

- **Cibo**: I fiori e i frutti dei cactus sono fonti di cibo per uccelli, insetti e altri animali.

3. Stabilizzazione del Suolo

Le radici dei cactus aiutano a prevenire l'erosione del suolo in aree aride, mantenendo la struttura del terreno e migliorando la qualità del suolo.

4. Biodiversità

I cactus contribuiscono alla biodiversità degli ecosistemi desertici e aridi. La loro presenza aiuta a mantenere un equilibrio ecologico, sostenendo una varietà di specie vegetali e animali.

5. Riduzione dell'Inquinamento

Come tutte le piante, i cactus assorbono CO_2 e rilasciano ossigeno, contribuendo a migliorare la qualità dell'aria e a combattere l'inquinamento.

6. Utilizzo Sostenibile

Molti cactus sono utilizzati in medicina tradizionale, nella cosmetica e nell'alimentazione. Alcuni cactus, come il *nopales*, sono consumati come ortaggi e hanno dimostrato di avere benefici per la salute.

I cactus non solo abbelliscono i giardini e gli spazi interni, ma offrono anche numerosi vantaggi ecologici, contribuendo a un ambiente più sano e sostenibile. Sia che tu stia progettando un giardino di cactus all'aperto o decorando la tua casa con piante grasse, l'integrazione dei cactus nel tuo ambiente può portare bellezza e funzionalità. La loro capacità di adattamento agli ambienti aridi, il loro contributo alla biodiversità e i benefici ecologici che forniscono rendono i cactus piante fondamentali per il nostro ecosistema. Adottando pratiche di coltivazione sostenibili, possiamo non solo godere della loro bellezza, ma anche contribuire a preservare l'ambiente in cui viviamo.

Capitolo 8: Problemi Comuni e Soluzioni

I cactus sono noti per la loro resistenza e la loro capacità di prosperare in condizioni difficili, ma ciò non significa che siano esenti da problemi. Malattie, parassiti e errori di coltivazione possono compromettere la salute delle piante e ridurre la loro vitalità. In questo capitolo, esploreremo i problemi comuni che possono affliggere i cactus, fornendo soluzioni pratiche per affrontarli e prevenire futuri inconvenienti.

Diagnosi di Malattie Frequenti dei Cactus

I cactus possono essere soggetti a una varietà di malattie che possono compromettere la loro salute e bellezza. Ecco alcune delle malattie più comuni e i loro sintomi:

1. Marciume della Radice

Il marciume radicale è una delle malattie più

comuni nei cactus ed è spesso causato da un'eccessiva irrigazione o da un substrato non drenante.

- **Sintomi**: Le radici diventano marroni o nere e morbide. La pianta può appassire, mostrare segni di stress e, in alcuni casi, emettere un odore sgradevole.

- **Soluzione**:

  - **Prevenzione**: Assicurati di utilizzare un substrato ben drenante e innaffia solo quando il terreno è completamente asciutto.

  - **Trattamento**: Rimuovi la pianta dal vaso e controlla le radici. Se trovi radici marce, tagliale via con un coltello sterilizzato. Lascia asciugare la pianta per un paio di giorni prima di rinvasarla in un substrato fresco e asciutto.

2. Muffa Grigia (Botrytis cinerea)

Questa malattia fungina può colpire i cactus, soprattutto in condizioni di umidità elevata.

- **Sintomi**: Vengono formate macchie grigie o muffose sulle superfici della pianta, che possono estendersi rapidamente.

- **Soluzione**:

  - **Trattamento**: Rimuovi le parti infette della pianta e aumenta la circolazione dell'aria intorno ai cactus. Se la situazione non migliora, utilizza un fungicida specifico.

  - **Prevenzione**: Evita di innaffiare la parte superiore della pianta e assicurati che ci sia una buona ventilazione.

3. Macchie Fogliari

Le macchie fogliari possono essere causate da vari fattori, tra cui parassiti o infezioni fungine.

- **Sintomi**: Macchie scure o colorate sulle foglie o sui fusti.

- **Soluzione**:

  - **Diagnosi**: Identifica se le macchie sono causate da insetti o da un'infezione fungina.

  - **Trattamento**: In caso di infezione fungina, rimuovi le parti colpite e applica un fungicida. Per parassiti, utilizza insetticidi appropriati o soluzioni fatte in casa come sapone insetticida.

4. Candelabro o Putrefazione di Cactus

Questa malattia si presenta sotto forma di lesioni scure e morbide sui fusti.

- **Sintomi**: La pianta può iniziare a crollare o a perdere la sua forma.

- **Soluzione**:

  - **Trattamento**: Rimuovi la parte affetta della pianta. Se la putrefazione è estesa, potrebbe essere meglio rinvasare in un substrato nuovo e controllare la salute delle radici.

5. Virus dei Cactus

I virus possono causare deformità e discolorazione nei cactus, anche se sono meno comuni rispetto ad altre malattie.

- **Sintomi**: Macchie gialle, deformazioni

o crescita stentata.

- **Soluzione**: Non esiste una cura per le piante infette da virus. La soluzione migliore è rimuovere la pianta infetta per prevenire la diffusione.

Parassiti e Come Trattarli

I parassiti possono causare danni significativi ai cactus, e la loro identificazione precoce è fondamentale per evitare infestazioni gravi. Ecco i parassiti più comuni e come trattarli:

1. Cocciniglie

Le cocciniglie sono insetti piccoli e molli che si attaccano alle piante, succhiando i succhi vitali.

- **Sintomi**: Macchie bianche o cotonose sulla superficie della pianta.

- **Soluzione**:

- **Trattamento**: Rimuovi manualmente le cocciniglie con un batuffolo di cotone imbevuto di alcol isopropilico. In caso di infestazione grave, utilizza insetticidi sistemici o spray specifici per cocciniglie.

   - **Prevenzione**: Mantieni una buona igiene nel giardino e ispeziona regolarmente le piante.

2. Afidi

Questi piccoli insetti possono causare ingiallimento delle foglie e crescita stentata.

- **Sintomi**: Presenza di piccole macchie scure o gialle e una sostanza appiccicosa sulle piante.

- **Soluzione**:

   - **Trattamento**: Utilizza un potente getto d'acqua per rimuoverli o applica sapone insetticida. In casi gravi, considera l'uso di insetticidi chimici.

   - **Prevenzione**: Introduci insetti benefici come le coccinelle, che si nutrono di afidi.

3. Acari

Gli acari, come i ragnetti rossi, possono danneggiare i cactus succhiando i succhi vitali.

- **Sintomi**: Foglie ingiallite e polvere fine o ragnatele sottili sulla pianta.

- **Soluzione**:

  - **Trattamento**: Spruzza la pianta con un forte getto d'acqua per rimuovere gli acari. Utilizza acaricidi se l'infestazione è grave.

  - **Prevenzione**: Mantieni un buon livello di umidità e ispeziona regolarmente le piante.

4. Cimici delle Piante

Questi insetti possono apparire come piccole macchie scure o verdi.

- **Sintomi**: Danni visibili sulle foglie e decolorazione.

- **Soluzione**:

  - **Trattamento**: Usa un insetticida specifico o una soluzione di sapone per le piante.

  - **Prevenzione**: Controlla le piante regolarmente e rimuovi le infestazioni subito.

5. Tripidi

Questi piccoli insetti volanti possono danneggiare i fiori e i germogli.

- **Sintomi**: Macchie argentate sulle foglie e deformazione dei fiori.

- **Soluzione**:

  - **Trattamento**: Usa trappole adesive gialle per catturare i tripidi e spruzza insetticidi appropriati.

  - **Prevenzione**: Evita di posizionare i cactus in prossimità di piante infette.

Errori Comuni da Evitare

Molti dei problemi che i coltivatori di cactus affrontano possono essere attribuiti a errori comuni di coltivazione. Ecco alcuni dei più frequenti e le relative soluzioni:

1. Eccessiva Irrigazione

Uno degli errori più comuni è l'irrigazione eccessiva, che può portare a marciume radicale e altre malattie.

- **Soluzione**: Innaffia solo quando il substrato è completamente asciutto e utilizza vasi con fori di drenaggio.

2. Scarsa Illuminazione

I cactus necessitano di molta luce per prosperare; una scarsa illuminazione può causare allungamento delle piante e scarsa fioritura.

- **Soluzione**: Posiziona i cactus in aree ben illuminate e considera l'uso di luci a LED per piante se non c'è sufficiente luce naturale.

3. Terreno Non Drenante

Utilizzare un terreno non adatto può causare

ristagni d'acqua, favorendo malattie fungine.

- **Soluzione**: Usa substrati specifici per cactus, che garantiscano un buon drenaggio.

4. Posizionamento Errato

Esporre i cactus a correnti d'aria fredda o a temperature estreme può stressarli.

- **Soluzione**: Assicurati di posizionare i cactus in luoghi protetti e stabili in termini di temperatura.

5. Ignorare i Segnali di Stress

Non prestare attenzione a segni di stress come ingiallimento o appassimento può portare a danni irreversibili.

- **Soluzione**: Controlla regolarmente le tue piante per rilevare segni di malattia o infestazione e agisci rapidamente.

6. Non Rinvasare

I cactus crescono e hanno bisogno di spazio

per le radici. Ignorare il rin

vaso può portare a un arresto della crescita.

- **Soluzione**: Controlla la salute delle radici e rinvasa ogni 2-3 anni o quando noti segni di crescita stentata.

7. Scarsa Nutrizione

Un apporto nutrizionale inadeguato può ostacolare la crescita e la fioritura dei cactus.

- **Soluzione**: Utilizza fertilizzanti specifici per cactus durante la stagione di crescita e segui le istruzioni sulla quantità.

La coltivazione dei cactus può essere un'attività gratificante e affascinante, ma richiede attenzione e cura. Conoscere i problemi comuni e le relative soluzioni è essenziale per garantire la salute e la vitalità delle tue piante. Dalla diagnosi di malattie alle strategie di trattamento dei parassiti, questo capitolo fornisce una guida utile per affrontare le sfide che i coltivatori possono incontrare.

Adottando pratiche di coltivazione appropriate e prestando attenzione ai segnali di stress, puoi assicurarti che i tuoi cactus prosperino e fioriscano nel tempo. Con un po' di cura e attenzione, potrai godere della bellezza e della resistenza di questi straordinari organismi per molti anni a venire.

Glossario

A

- **Acclimatazione**: Processo di adattamento delle piante a nuove condizioni ambientali, come temperatura e luminosità, dopo essere state spostate o rinvasate.

- **Afidi**: Insetti parassiti piccoli e verdi o neri che succhiano i succhi delle piante, causando ingiallimento e stentata crescita.

B

- **Botrytis**: Genere di funghi che provoca la muffa grigia, una malattia comune nei cactus e nelle piante in generale.

C

- **Cactacee**: Famiglia botanica di piante succulente che include i cactus, caratterizzate da tessuti specializzati per la conservazione dell'acqua.

- **Candelabro**: Tipo di cactacea caratterizzata da fusti eretti che si ramificano verso l'alto, spesso con una forma che ricorda un candelabro.

- **Cocciniglie**: Insetti parassiti che si attaccano alle piante, causando danni succhiando i succhi vitali. Si riconoscono per le macchie bianche o cotonose sulla pianta.

D

- **Drenaggio**: Capacità del substrato di permettere il passaggio dell'acqua in eccesso, evitando ristagni che possono causare marciume radicale.

E

- **Eccessiva irrigazione**: Situazione in cui una pianta riceve troppa acqua, portando a marciume radicale e altre malattie.

F

- **Fertilizzazione**: Processo di somministrazione di nutrienti alle piante per migliorarne la crescita e la salute. I cactus necessitano di fertilizzanti specifici durante la loro stagione di crescita.

G

- **Giardinaggio xeriscape**: Tecnica di progettazione del paesaggio che utilizza piante a bassa esigenza idrica, come i cactus, per ridurre il consumo d'acqua.

I

- **Illuminazione**: Fattore cruciale nella coltivazione dei cactus; la maggior parte delle specie necessita di molta luce per prosperare.

- **Innaffiatura**: Processo di somministrazione di acqua alle piante. I cactus richiedono un approccio specifico in termini di frequenza e quantità.

L

- **Lucciola di cactus**: Nome comune per alcune specie di insetti che si nutrono di cactus, causando danni ai tessuti vegetali.

M

- **Malattia fungina**: Condizione patologica causata da funghi, che può compromettere la salute delle piante.

- **Marciume radicale**: Condizione in cui le radici di una pianta si deteriorano a causa di un'eccessiva umidità o di funghi patogeni.

N

- **Nutrienti**: Sostanze chimiche essenziali per la crescita e lo sviluppo delle piante, come azoto, fosforo e potassio.

P

- **Parassiti**: Organismi che si nutrono di una pianta ospite, causando danni e potenzialmente portando a malattie.

- **Potatura**: Pratica di rimozione di parti di una pianta per migliorarne la salute, la forma e la crescita. È importante per i cactus per rimuovere parti morte o malate.

- **Propagazione**: Metodo per ottenere nuove piante, che può avvenire tramite seme o talea.

R

- **Rinvaso**: Processo di spostamento di una pianta in un vaso più grande o in un nuovo substrato per garantire una crescita sana.

S

- **Succulente**: Piante che conservano l'acqua nei loro tessuti, consentendo loro di prosperare in ambienti aridi. I cactus sono un tipo di succulenta.

- **Seme**: Struttura riproduttiva delle piante che consente la propagazione.

T

- **Terreno**: Materiale in cui crescono le piante. Per i cactus, è fondamentale un substrato ben drenante.

- **Tripidi**: Piccoli insetti volanti che possono danneggiare i fiori e le foglie delle piante, causando deformazione.

U

- **Umidità**: Presenza di vapore acqueo nell'aria, che può influenzare la salute delle piante. I cactus preferiscono un ambiente asciutto.

V

- **Virus**: Agenti patogeni microscopici che possono infettare le piante, causando deformità e crescita stentata.

Z

- **Zolla**: Porzione di terreno che contiene radici di una pianta, importante durante il rinvaso per preservare le radici sane.

Questo glossario fornisce una panoramica delle terminologie chiave associate ai cactus e alla loro coltivazione. Familiarizzare con questi termini non solo aiuterà a comprendere meglio le esigenze delle piante, ma sarà anche utile per risolvere eventuali problemi che possono sorgere nella loro cura.

Indice

Introduzione pg.4

Capitolo 1: Tipologie di Cactus pg.14

Capitolo 2: Terreno e Vasi per i Cactus pg.24

Capitolo 3: Esposizione e Luce pg.35

Capitolo 4: Innaffiatura e Nutrimento dei Cactus pg.45

Capitolo 5: Manutenzione del Cactus pg.54

Capitolo 6: Propagazione dei Cactus pg.64

Capitolo 7: Cactus e Ambiente pg.73

Capitolo 8: Problemi Comuni e Soluzioni pg.82

Glossario pg.94

www.ingramcontent.com/pod-product-compliance
Lightning Source LLC
Chambersburg PA
CBHW050323230526
45471CB00005B/2317